# 居住区电动汽车充电基础设施发展报告

中国电动汽车充电基础设施促进联盟
中国城市规划设计研究院 编著

中国建筑工业出版社

**图书在版编目（CIP）数据**

居住区电动汽车充电基础设施发展报告 / 中国电动汽车充电基础设施促进联盟，中国城市规划设计研究院编著. -- 北京：中国建筑工业出版社，2024. 12.
ISBN 978-7-112-30748-7

Ⅰ. U469.72

中国国家版本馆 CIP 数据核字第 20248Z0H06 号

责任编辑：李玲洁
责任校对：赵　力

**居住区电动汽车充电基础设施发展报告**

中国电动汽车充电基础设施促进联盟
中国城市规划设计研究院　编著

*

中国建筑工业出版社出版、发行（北京海淀三里河路9号）
各地新华书店、建筑书店经销
北京科地亚盟排版公司制版
天津裕同印刷有限公司印刷

*

开本：880 毫米 ×1230 毫米　1/32　印张：2⅛　字数：38 千字
2024 年 12 月第一版　2024 年 12 月第一次印刷
定价：**50.00**元

ISBN 978-7-112-30748-7
（43980）



如有内容及印装质量问题，请与本社读者服务中心联系
电话：（010）58337283　QQ：2885381756
（地址：北京海淀三里河路9号中国建筑工业出版社604室　邮政编码：100037）

# 编委会

# 参 编 单 位

中国质量认证中心

中国汽车技术研究中心有限公司

新能源汽车国家大数据联盟

国网智慧车联网技术有限公司

中国电力科学研究院有限公司

特来电新能源股份有限公司

万帮数字能源股份有限公司

工泰电器有限公司

华为数字能源技术有限公司

公牛集团股份有限公司

上海挚达科技发展股份有限公司

蔚来汽车科技有限公司

联联睿科能源科技有限公司

山东积成智通新能源有限公司

北京世纪云安新能源有限公司

北京华商三优新能源科技有限公司

科大智能科技股份有限公司

广汽能源科技有限公司

支付宝（中国）网络技术有限公司
成都特来电新能源有限公司
宁波均胜群英智能技术有限公司

# 前　言

发展新能源汽车是我国国家战略，充电基础设施是重要的基础和保障。我国对充电基础设施施行“超前建设”的政策扶持策略，积极构建新能源汽车能源补给体系，经过多年的努力，已经基本建成了满足当前新能源汽车充电需求的充电服务网络。随着新能源汽车规模的不断增长，尤其是私人消费领域规模的迅速扩张，当前居住区充电基础设施的发展模式已经不能满足新能源汽车大规模的推广应用，亟需构建居住区新的充电服务体系。

在《新能源汽车产业发展规划（2021—2035年）》中，我国已经提出了“积极推广智能有序慢充为主、应急快充为辅的居民区充电服务模式”，相关部委也积极出台多项政策鼓励和引导居住区充电基础设施建设运行。居住区充电设施发展势头猛，潜在问题突出，已经从最初“车桩齐飞”的无序发展阶段进阶到“高效配置、空间协同、安全至上”的理性发展阶段，需要思考发展模式的转变、管理体系的更新和支撑系统的完善。

希望以本报告为契机，推动国家部委和地方相关主管部门优化管理体制和政策制订，加快相关监管平台建设进度，合理引导先进产品和运管模式的应用，强化系列标准规范的制订和修订，推动社区充电健康发展。

# 目　录

# 第 1 章

# 发展现状

“十四五”以来，在政策和市场的双重作用下，我国充电基础设施建设快速推进，充电服务水平持续提升，多元化充电技术加快应用，为我国新能源汽车产业发展提供了有力支撑。国务院办公厅2023年发布的《国务院办公厅关于进一步构建高质量充电基础设施体系的指导意见》（国办发〔2023〕19号）提出城市充电网络的建设以“两区”（居住区、办公区）、“三中心”（商业中心、工业中心、休闲中心）为重点，其中“居住区”作为城市中住宅建筑相对集中布局的地区，是私人电动乘用车等新能源主力车型补能的重要场所。

在新能源汽车发展早期，私人充电桩由车企随车配送并提供（30m内）免费安装服务，满足安装条件（一般指拥有或租赁的固定停车位、居住区电力容量有冗余等）的用户均可在其居住区固定车位上安装私人充电桩。为缓解居住区电动汽车用户充电矛盾，解决无桩用户的充电需求，部分居住区积极探索居住区充电新模式，一是与充电运营商合作，利用居住区公共停车位资源建设运营公共充电基础设施，包括直流快充桩和交流慢充桩；二是拓展充电车位分时共享机制，已建成个人充电桩的电动汽车用户借助相关充电桩服务平台或社区熟人生活圈等途径，提供共享充电服务。随着新能源汽车用户的爆发式增长，居住区充电设施缺乏统一规划、建设施工质量不可控、电力负荷及建设条件紧张等问题日益凸显，建后运维管理不规范及保险缺失等安全隐患也在不断积累。为应对解决上述问题，国家开始鼓励在居住区以“统建统服”模式推进充电桩建设和应用，2022 年，国家发展改革委、国家能源局等十部委联合印发《国家发展改革委等部门关于进一步提升电动汽车充电基础设施服务保障能力的实施意见》（发改能源规〔2022〕53 号），提出鼓励充电运营企业或居住社区管理单位接受业主委托，开展居住社区充电设施“统建统营”，统一提供充电设施建设、运营与维护等有偿服务，提高充电设施安全管理水平和绿电消费比例。鼓励“临近车位共享”“多车一桩”等新模式。部分企业也开始积极探索实践“统建统营”模式，并取得了一定的成效。

## 一、居住区充电设施分类

按充电设施的权属分类，居住区充电基础设施包括私人充电桩和公共充电桩两类。其中，私人充电桩是指业主在自持车位或租赁车位上建设的隶属于个人产权的充电设施；居住区公共充电桩是指在居住区公共停车空间建设运营的充电基础设施。私人充电桩通常由车企委托第三方施工单位负责建设安装并赠送 1～2 年的质保期，后续由个人维护并承担相应安全管理责任。公共充电桩通常由充电运营商全过程负责投资建设和运维管理。

## 二、既有建设运营模式

### 1. 私人充电桩

目前，我国居住区主要是私人充电桩，私人充电桩也称为“自建自管”，是指有业主在自有停车位或长租停车位上自行建设、维护并承担相应安全管理责任的充电设施。充电桩主要由车企在用户购买新能源汽车时赠送（部分用户自行购买），并提供免费安装服务（安装位置距离电源点不超过 30m，超出部分由用户承担费用）。

### 2. “充电车位分时共享”模式

“充电车位分时共享”模式指的是私人充电桩拥有者将桩闲置时段共享给其他新能源车使用，通过互联网平台或熟人间构建的微信朋友圈等，实现充电桩信息的实时共享和资源的有效调配，提升充电服务的效率和质量，让更多车主享受到便捷的充电服务。

充电车位分时共享的社交属性是其与公共充电运营的主要区别。充电车位分时共享的提供方和使用方通常在物理空间上有所交集，这种社交属性使私桩共享过程更为顺畅。在私人充电设施使用效率普遍不高的情况下，该模式可以减少电力资源的过度投入，实现社会资源的优化配置，提高充电设施的利用效率与社区充电的可得性。

3.“统建统服”模式

最早国家层面的政策文件中以“统建统营”出现，在各地方推进实践的过程中根据推进的侧重点出现了“统建统管”“统建统服”等名称，其推进模式基本相同。本报告统一以“统建统服”命名。

居住区“统建统服”模式是指在居住区由引入的充电运营商，按照统一选址原则、统一建设标准、统一服务标准的要求，建设运营居住区公共充电设施。该模式具备以下优势：一是合理调配居住区电力负荷资源，通过城市虚拟电厂管理中心或自行安装的居住区变压器负荷采集系统实时监测用电负荷曲线，依靠负荷管控平台统一调度具有有序充电功能的充电设施，削峰填谷确保设施的稳定运行和电网系统的负荷波动最小化；二是便于运维，该模式下充电运营企业负责对充电设施进行整体规划，确定充电桩的数量、位置、功率等参数，通过统一管控平台可对充电设施进行统一管理和维护，能够有效地提升运维效率和兼容性，降低运维成本；三是降低安全隐患，该模式可以有效地对居住区充电设施进行安全监管，及时发现和排除安全隐患，减少因充电设施管理不善而引发的安全事故。当前“统建统服”模式既可适用于居住区多台私人充电桩的建设和管理，也可适用于公共充电桩的建设和管理。

4. 居住区公共充电设施

社区公共充电设施是指在住宅小区公共停车场建设运营的公共充电基础设施，由充电运营商投资建设运营。我国鼓励居住区充电设施建设，居住区公共充电设施功率一般不超过 60kW，由充电运营商与物业管理方等合作进行管理。

## 三、建设使用情况

1. 建成情况

国家发展改革委公开数据显示，与“十三五”初期相比，2021 年我国新能源汽车私人消费占比从 47% 提升到 78%，非限购城市私人消费的比例从 40% 提升到 70%。公安部统计数据显示，截至 2023 年年底，全国新能源汽车保有量为 2041 万辆，其中纯电动汽车保有量为 1552 万辆，占比 76.04%。《中国新能源汽车大数据研究报告（2024）》的统计数据显示，近几年新能源私家车接入量占新能源汽车年度接入总量的比例达到 60% 以上，呈现出较快的增长速度和市场渗透率（图 1-1，图 1-2）。

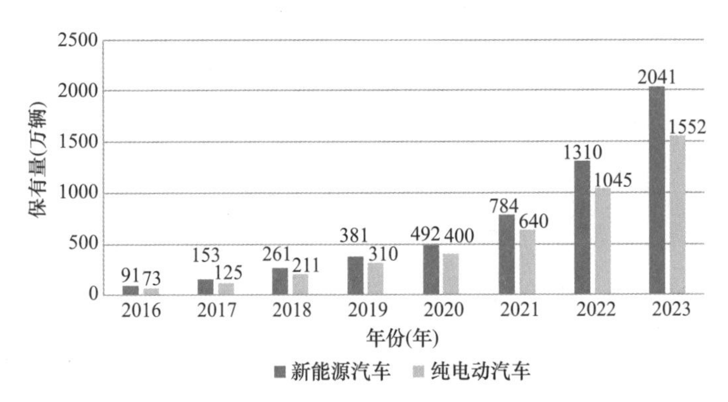


图 1-1　2016—2023 年新能源汽车保有量

数据来源：公安部网络公开数据

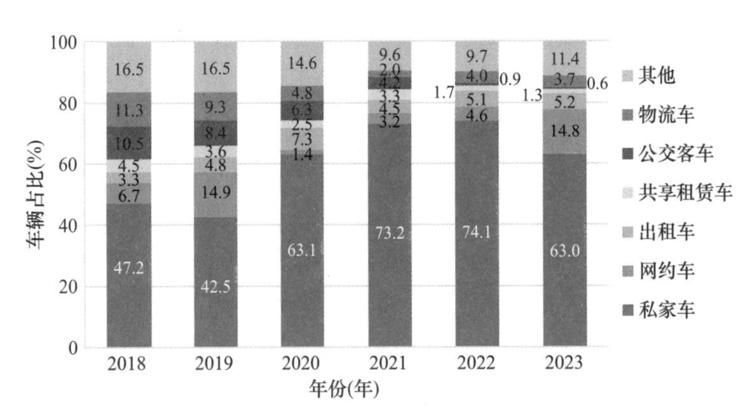


图 1-2　2018—2023 年新能源汽车细分市场接入量占比

数据来源：《中国新能源汽车大数据研究报告（2024）》

同时，私人充电桩的规模随着新能源汽车规模的增长不断提升。中国电动汽车充电基础设施促进联盟（以下简称“充电联盟”）统计数据显示，截至 2023 年年底，全国随车配送充电桩 587.0 万台（图 1–3），占全国充电桩总量的 68.3%，其中 2023 年 1—12 月，随车配建私人充电桩增量为 245.8 万台，同比上升 26.6%。与新能源私家车保有量相比，我国居民用户私人充电桩的安装比例不超过 50%，随着新能源汽车销量的逐年增长，居住区充电基础设施的建设管理问题将进一步加剧。

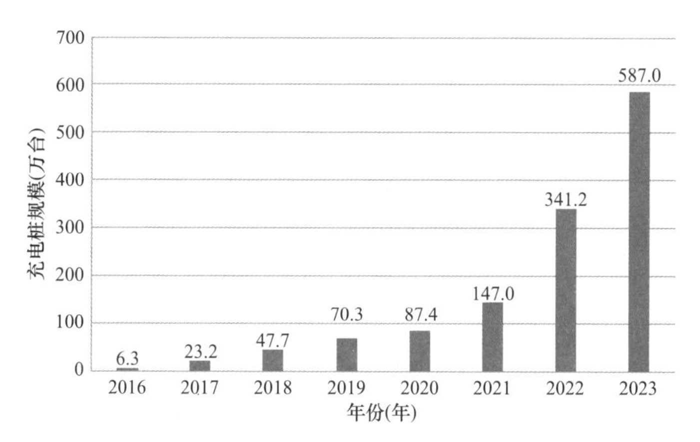


图 1–3　2016—2023 年随车配送充电桩规模

数据来源：中国电动汽车充电基础设施促进联盟

2022 年 1 月，国家发展改革委、国家能源局等十部门联合印发了《国家发展改革委等部门关于进一步提升电动汽车充电基础设施服务保障能力的实施意见》（发改能源规〔2022〕53 号），鼓励“临近车位共享”“多车一桩”等新模式。充电联盟数据显示，截至 2023 年年底全国共享私桩

7.9 万台，其中星星充电占市场份额的 96%。

“充电联盟”公共充电桩保有量的统计数据显示，截至 2023 年年底，全国居住区公共充电桩规模达到 48.5 万台，其中交流桩 41.7 万台，占比 86%。功率分布方面，功率为 3.5kW 的充电桩占比 14.00%，功率为 7kW 的充电桩占比 70.00%，功率大于 60kW 的充电桩占比 11.70%（图 1–4）。

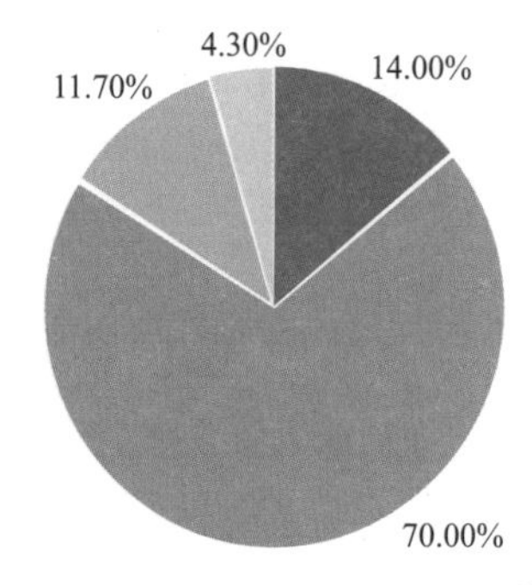


图 1–4　居住区公共充电桩功率分布占比

数据来源：中国电动汽车充电基础设施促进联盟

2. 居住区公用桩利用率高于私人充电桩

依据《中国新能源汽车大数据研究报告（2024）》中新能源私家车的充电行为统计指标估算，私人充电桩近几年的平均时间利用率不足 4.5%（表 1–1）。中国城市规划设计研究院发布的《中国主要城市充电基础设施监测报告》显示，全国 30 多座主要城市居住区公用桩的平均时间利用率达到 10.5%，显著高于私人充电桩效能。

新能源私家车充电相关指标汇总表　　表 1-1

| 年份 | 次均充电时长 (h) | 月均充电次数 ( 次 ) | 平均时间利用率 ( 推算 ) |
| --- | --- | --- | --- |
| 2021 年 | 3.7 | 8.8 | 4.5% |
| 2022 年 | 3.5 | 6.5 | 3.2% |
| 2023 年 | 3.4 | 6.2 | 2.9% |

数据来源:《中国新能源汽车大数据研究报告（2024）》

### 3. 老旧小区充电便利性总体偏低

《中国主要城市充电基础设施监测报告》研究发现，新能源私家车夜间充电需求高，对居住区的充电便利性有较高的诉求。然而，老旧小区集中分布的核心区域，存在电力扩容困难、停车位以及充电桩建设空间紧张等现实困难，居住区内部无论是随车配桩还是加装公共桩均相对受限。以北京市的纯电动私家车为例，统计其 2023 年 10 月的充电行为，发现在夜间常停放地点附近 500m 范围内没有充电行为的比例达到 34.3%，其中位于首都功能核心区的纯电动私家车中，有 54.5% 的车辆在停放居住区周边 500m 范围内没有充电行为。将所有乡镇街道按照保有端 500m 半径内充电次数占比均值从高到低排序，可以发现充电便利性排名后 25 位的乡镇街道主要位于城六区，其中超过 70% 的乡镇街道位于首都功能核心区。

## 四、相关标准发布情况

当前，我国充换电基础设施标准体系已经建立，涵盖充电设备制造、检验检测、规划建设和运营管理等全方位，主要解决电动汽车使用过程中的充电安全、互联互通、设备质量、设施规划布局、计量计费等关键问题。

针对居住区充电基础设施，除了现有充换电基础设施标准，在其他领域相关标准也纳入了充电基础设施建设。例如，2018 年住房和城乡建设部发布《城市居住区规划设计标准》GB 50180—2018，其中，明确提出新建居住区配建机动车停车位应具备充电基础设施安装条件，并且配建的机动车停车场（库）应具备公共充电设施安装条件，但是对配置比例、安装比例和配电条件等并没有进一步具体明确。同年，住房和城乡建设部发布《电动汽车分散充电设施工程技术标准》GB/T 51313—2018，主要用于电动汽车分散充电设施的规划、设计、施工和验收，其中明确新建住宅配建停车位应 100% 建设充电设施或预留建设安装条件，既有停车位宜结合电动汽车的充电需求和配电网现状合理规划、分步实施，居住区充电设备宜采用交流充电方式等内容。此外，《城镇燃气设计规范（2020 版）》GB 50028—2006 等国家标准对居住区内充电设施的选址退距等具有一定的规范作用。2024 年，国家能源局、工业和信息化部联合发布的《电动汽车供电设备安全要求》GB 39752—2024，着重于供电设备的安装位置、结构设计及故障保护等方面；同年发布的《电动汽车传导充电系统安全要求》GB 44263—2024规定了充电系统的电气安全、环境适应性、机械强度以及电磁兼容等方面的基本要求。

地方出台的住宅区充电设施相关标准规范多数也是面向充电设施的建设、施工与验收，部分标准会增加“规划设计”章节，明确新建住宅中建设充电设施占车位的比例、直流充电桩配置比例、电力预留容量等内容。例如，湖州市市场监督管理局2021年在其发布的地方标准《住宅小区充电设施建设及电力接入技术规范》DB3305/T 207—2021中提出，建设充电基础设施的停车位比例不低于总车位的10%，30kW以上直流充电桩配置应不低于3%（总停车位50个以下不低于2台），公用预留变压器容量应按不低于30%车位数量乘以8kW提前预留。

部分地方标准、团体标准针对居住区内电动汽车的智能充电设施配置进行了规范。例如，中国标准化协会发布的《居住社区电动汽车智能充电设施设计规范》T/CAS 727—2023，对新建和既有居住区内智能充电设施的设计，从充电系统、供配电系统、智能充电管控系统及配套设施等方面提出了要求。上海市市场监督管理局发布《电动汽车智能充电桩智能充电及互动响应技术要求》

DB31/T 1296—2021，优先在居住区推动智能有序充电，要求自2021年8月起在上海市销售的电动汽车配套充电设施必须满足智能桩地标的相关要求，自2022年起累计建成26万台私人智能充电桩，有效提升充电负荷的智能化管理与充电过程安全管理的水平。

部分地方标准中对居住区充电基础设施的消防也进行了相应规定。例如，天津市地方标准《电动汽车充电设施消防安全管理规范》DB12/T 1173—2022，规定了物业管理单位对充电基础设施的消防职责等。

## 五、政策推进情况

### 1. 政策推进历程

2015年9月，《国务院办公厅关于加快电动汽车充电基础设施建设的指导意见》(国办发〔2015〕73号)文件中明确指出，鼓励充电服务、物业服务等企业参与居民区充电设施建设运营管理，统一开展停车位改造，直接办理报装接电手续，在符合有关法律法规的前提下向用户适当收取费用。对有固定停车位的用户，优先在停车位配建充电设施；对没有固定停车位的用户，鼓励通过在居民区配建公共充电车位，建立充电车位分时共享机制，为用户充电创造条件。这为我国居住区充电桩建设提供了基本依据。

2015年12月，住房和城乡建设部印发《住房城乡建设部关于加强城市电动汽车充电设施规划建设工作的通知》（建规〔2015〕199 号），指出严格新城新区和新建居住（小）区规划标准，切实落实充电设施建设要求；切实加强老旧居住（小）区充电设施建设，全力解决充电难的问题。

2016 年 7 月，国家发展改革委、国家能源局、工业和信息化部、住房和城乡建设部联合印发《关于加快居民区电动汽车充电基础设施建设的通知》（发改能源〔2016〕1611 号），提出加强现有居民区设施改造、规范新建居民区设施建设、积极开展试点示范等十一条专门措施。

2018 年 12 月，国家发展改革委、国家能源局、工业和信息化部、财政部联合印发《关于印发〈提升新能源汽车充电保障能力行动计划〉的通知》（发改能源〔2018〕1698 号），提出加强居民区充电设施接入服务等。

2021 年 12 月，住房和城乡建设部办公厅印发《住房和城乡建设部办公厅关于印发完整居住社区建设指南的通知》（建办科〔2021〕55 号），提出完整居住社区的建设标准，其中停车及充电设施部分要求，新建居住社区按照不低于 1 车位 / 户配建机动车停车位，100% 停车位建设充电设施或者预留建设安装条件。

2022 年 1 月，国家发展改革委、国家能源局等十部委联合发布《国家发展改革委等部门关于进一步提升电动汽车充电基础设施服务保障能力的实施意见》（发改能源规

〔2022〕53号），提出完善居住区充电设施建设推进机制、推进既有居住社区充电设施建设、严格落实新建居住社区配建要求、创新居住社区充电服务商业模式。

2023年6月，国务院办公厅印发《国务院办公厅关于进一步构建高质量充电基础设施体系的指导意见》（国办发〔2023〕19号），提出以城市为单位加快制定居住区充电基础设施建设管理指南；鼓励充电运营企业等接受业主委托，开展居住区充电基础设施"统建统服"等。

2023年12月，国家发展改革委、国家能源局、工业和信息化部、市场监管总局联合印发《国家发展改革委等部门关于加强新能源汽车与电网融合互动的实施意见》（发改能源〔2023〕1721号），提出鼓励针对居民个人桩等负荷可引导性强的充电设施制定独立的峰谷分时电价政策，并围绕居民充电负荷与居民生活负荷建立差异化的价格体系，力争2025年底前实现居民充电峰谷分时电价全面应用；建立健全居住社区智能有序充电管理体系和流程，明确电网企业、第三方平台企业和新能源汽车用户等各方责任与权利，明确社区有序充电发起条件和响应要求（表1-2）。

2. 居住区充电桩政策推进方式

国家层面积极推进居住区充电桩建设，针对不同类型居住区提出了不同的推进指导思路。一是新建居住区，对配建停车位应100%建设充电设施或预留建设安装条件。

居住区充电基础设施相关政策列表　表 1-2

| 序号 | 发布时间 | 发布单位 | 文件名称 |
| --- | --- | --- | --- |
| 1 | 2015 年 9 月 | 国务院办公厅 | 《国务院办公厅关于加快电动汽车充电基础设施建设的指导意见》（国办发〔2015〕73 号） |
| 2 | 2015 年 12 月 | 住房和城乡建设部 | 《住房城乡建设部关于加强城市电动汽车充电设施规划建设工作的通知》（建规〔2015〕199 号） |
| 3 | 2016 年 7 月 | 国家发展改革委、国家能源局、工业和信息化部、住房和城乡建设部 | 《关于加快居民区电动汽车充电基础设施建设的通知》（发改能源〔2016〕1611 号） |
| 4 | 2018 年 12 月 | 国家发展改革委、国家能源局、工业和信息化部、财政部 | 《关于印发〈提升新能源汽车充电保障能力行动计划〉的通知》(发改能源〔2018〕1698 号) |
| 5 | 2021 年 12 月 | 住房和城乡建设部 | 《住房和城乡建设部办公厅关于印发完整居住社区建设指南的通知》（建办科〔2021〕55 号） |
| 6 | 2022 年 1 月 | 国家发展改革委、国家能源局、工业和信息化部、财政部、自然资源部、住房和城乡建设部、交通运输部、农业农村部、应急部、市场监管总局 | 《国家发展改革委等部门关于进一步提升电动汽车充电基础设施服务保障能力的实施意见》（发改能源规〔2022〕53 号） |
| 7 | 2023 年 6 月 | 国务院办公厅 | 《国务院办公厅关于进一步构建高质量充电基础设施体系的指导意见》（国办发〔2023〕19 号） |
| 8 | 2023 年 12 月 | 国家发展改革委、国家能源局、工业和信息化部、市场监管总局 | 《国家发展改革委等部门关于加强新能源汽车与电网融合互动的实施意见》（发改能源〔2023〕1721 号） |

二是既有居住区基本明确了自建桩和公用桩同步发展的指导思想，提出具备安装条件的居住社区要配建一定比例的公共充电车位，建立充电车位分时共享机制，为用户充电创造条件；同时，提出要创新居住社区充电服务商业模式，开展居住社区充电设施“统建统服”，鼓励“临近车位共享”“多车一桩”等新模式。三是针对老旧小区这一类特殊空间，提出要结合城镇老旧小区改造及城市居住社区建设补短板行动、完整社区建设试点工作等，因地制宜推进既有居住社区充电设施建设改造，整合推进停车、充电等设施建设，同步开展配套供配电设施建设。

各地方积极落实中央文件指示精神，陆续出台配套实施细则，并对居住区充电基础设施建设、安装、使用等行为进行了规范。一是全国多个省市地区陆续出台居住区相关管理办法或实施细则，细化各类场景，明确各类主体申报建设流程、所需材料要求和各方配套职责，有效提升了居住区申报落地效力。例如，上海市交通委等七部门在联合发布的《上海市居民小区电动汽车充电设施建设管理办法》中，针对小区自建桩和公建桩分别明确了建设流程和所需准备的材料要求，以及相应的电力增容流程、消防管理要求、安全管理责任等，对各级相关部门须协同的职责进行了明确分工。海南省住房和城乡建设厅等九部门在印发的《关于加快推进居民小区充电桩建设实施方案》（琼建房〔2022〕210 号）中不仅明确了各部门的职责分工，并且区分已实现抄表到户的小区和未实行抄表到户的小区，分别规范了相关建设申报流程。天津市发改委针对有物业管理和没有物业管理的居住区，分情况优化完善了居民个人充电桩报装流程。多个省份地区出台的文件均明确提出，居住区的物业服务企业要积极配合充电桩所有人、充电桩企业和安装建设方开展充电桩建设工作，在符合消防、电容量相关要求的情况下，不得无故拒绝充电桩进小区，同时应配合电力部门开展小区电力增容、电表安装等工作。例如，成都市住房和城乡建设局等四部门在 2022 年发布的《关于进一步加快居住小区充电设施建设管理的通知》中，明确了物业企业负面清单，确定物业企业不得收取无实质性服务的增容、管理费用，并首次提出了小区新建充电设施可用负荷评估计算方式及公示模型。二是部分省市积极推进居住区“统建统服”模式，例如成都市经济和信息化局于 2021 年 7 月首次开展小区充电设施“统建统服”模式试点，组织首批试点充电运营商企业遴选，并针对小区运营商低压报装、建设备案和技术要求制定完善了相关政策体系；2022 年 4 月，成都市经济和信息化局等部门发布《关于印发成都市电动汽车充电设施建设运营管理办法的通知》，首次提出鼓励小区引入充电运营企业开展“统建统服”解决小区充电难的问题；2024 年在《成都市居住小区电动汽车充电设施技术规定（试行）》中提出鼓励采用智能有序调度等新技术充分利用小区剩余电力变配容量。北京市城市管理委员会于2023年6月印发了《北京市居住区新能源汽车充电“统建统服”试点工作方案》，提出利用两年时间打造一批“统一选址原则、统一建设标准、统一服务标准”的“统建统服”充电服务试点，为居住区新能源汽车用户提供“三个5”（找桩距离不大于500m、服务费不高于0.5元、排队时间不长于5min）的用户体验，形成“四个创新”（智慧选址、价格优惠、预约即得、安全提示）的服务模式。三是居住区统筹推进充电设施补短板，困难情况可向周边借力。例如，昆明市新能源汽车产业发展及推广应用工作领导小组办公室在印发的《昆明市居住社区公用充电设施建设管理实施方案》中提出，对自身条件不满足的居住社区，在社区周边支路、次干路、可利用的边角地块建设公用充电设施，且公用充电设施的布局须满足居住社区不超过1km的需求。

# 第2章

# 主 要 问 题

## 一、牵头推进主体不一致，不利于统筹管理

在国家层面，国家发展改革委、国家能源局等十部委发布的《国家发展改革委等部门关于进一步提升电动汽车充电基础设施服务保障能力的实施意见》（发改能源规〔2022〕53号），提出各地发展改革、能源部门应加强与住房和城乡建设等部门的统筹协作，共同推进居住社区充电设施建设与改造，其中并未明确牵头负责的部门。从各地关于居住区电动汽车充电设施发展的指导文件看，部门间横向协作的职能分工相对明确，而牵头负责推动的部门主体尚未统一。目前，各地牵头推动的部门有住建部门、经信部门、区政府等不同主体，不利于国家层面统筹汇总各地居住区电动汽车充电设施建设情况，也不利于统筹推动相关计划及政策的制定。

例如，北京市在《关于加强居住区电动汽车充电设施

建设和管理的意见》（征求意见稿）中提出，建立完善由市住房城乡建设委牵头，各区政府、各有关部门协同配合的推进机制。上海市在《居民小区电动汽车充电设施建设管理办法》中提出“市级统筹、各区组织、街镇落实”三级联动工作机制，其中各区、乡镇（街道）、村（居）委会应当切实落实属地主体责任，区政府负责监督辖区乡镇（街道）明确居民小区充电桩建设的责任部门，乡镇（街道）、村（居）委具体做好对业主委员会和物业服务企业的指导和监督工作，对部分无业主委员会或者物业服务企业的小区做好兜底服务和管理工作。海南省在《关于加快推进居民小区充电桩建设实施方案》中提出由省住房和城乡建设厅负责统筹推进充电桩进小区工作，省发改委配合协调相关企业参与小区充电桩建设运营。成都市在《居民小区电动汽车充电设施建设管理实施细则》中明确由市经济和信息化局负责统筹协调全市充电设施建设运营工作，牵头制定充电设施建设管理支持政策，市住房和城乡建设局负责督促指导物业服务机构和新建住宅的工程验收等内容。

## 二、建管环节充电安全存隐患

据央视新闻报道，近三年国内新能源汽车保有量与火灾数量统计显示，新能源汽车的火灾发生率从 2021 年的 1.85/10000 降至 2023 年的 0.96/10000。尽管如此，截至

2023 年年底，新能源汽车召回 268 次，涉及车辆 570 万辆，火灾直接相关的召回数量为 81 次。据应急管理部门统计数据显示，仅 2023 年第一季度，新能源汽车自燃率上涨了 32%，平均每天就有 8 辆新能源汽车发生火灾。相关研究显示，新能源汽车充满电后 1h 的静止停放状态和充电状态是其发生火灾的高发状态，因此对于居住区电动汽车充电安全问题须引起高度重视。

一是居住区充电桩施工作业具有小、零、散的特点，充电桩安装企业水平良莠不齐，采用的工艺、使用的物料参差不齐，存在随意穿孔打洞、电缆规格型号不合规（《电动汽车充电站设计规范》GB 50966—2014 的供配电章节明确规定配电线路优先选用铜芯交联聚乙烯绝缘电缆）、过流和漏电保护装置缺失、线缆敷设混乱等一系列问题（图 2-1）。一旦供配电设施发生安全事故，责任界面难以划分，小微施工队伍的事故责任难以追究，可能带来较大安全责任风险。

二是充电桩及其附属供配电设施建成后缺少维护管理。车企随车赠送或销售的充电桩通常采用低成本“傻瓜桩”，缺少在线运行监控能力，充电桩售后问题响应体系不健全，出现设备隐患和故障难以及时发现并处理。

三是监管缺失与安全意识不足，部分居住区对电动汽车充电管理不够严格，缺乏有效的监管措施。同时，一些车主

图 2-1　典型居住区线缆敷设混乱实例图

缺乏充电安全知识，对安全主体责任存在侥幸心理、流程缺乏第三方监管，导致自建充电设施出现将充电桩直接接入家中电表、任意打穿楼板或结构墙体、防火墙体进行穿管接入等不规范操作现象，不顾及“飞线”沿途的着火隐患，导致居住区自建充电设施安全隐患不断积累。

四是消防设施条件欠缺，早期建设老旧小区室内汽车库未设置火灾报警系统、自动喷淋灭火系统、消防应急照明和疏散标示等基础性消防设施。

五是充电桩退出机制不完善，部分地方还未对充电桩的报废及回收有明确的规定，居住区用户通常遇到使用故障再考虑设备的更新。

## 三、关键环节标准体系有待进一步完善

当前国内多数居住区的充电基础设施以私人充电桩为

主。除上海等个别城市出台标准对居住区新增充电桩的智能化统一要求外，多数地区均未明确居住区充电桩智能化的技术要求，导致绝大多数私人充电桩均为普通桩，限制居住区充电设施进一步向高质量方向发展。一方面，普通桩自身并不带有空间定位装置，无法将实时更新的坐标位置信息反馈到监测平台，同时并非所有的私人充电桩车主均在供电局报装专用电表（部分直接接入家中电源），无法从电表端精准获取各居住区私人充电桩的规模，进而在城市层面无法精准研判各居住区私人充电桩的供需状态。另一方面，当前有序充电和车网互动（Vehicle-to-Grid，V2G）的应用均是建立在智能充电桩的基础上，普通桩无法融合电网负荷状况、充电需求、电价等因素实现充电时间、充电功率的柔性调控，也无法动态响应电网需求，实现车与电网的智能互动。

已出台的各类标准均未对既有居住区、老旧小区的配桩比例提出下限等要求，在老旧小区改造等更新类项目推进实施的过程中，无法明确指导老旧小区配置适宜的电动汽车充电设施规模。

消防设计相关标准方面，针对居住区内充电设施的选址，缺少相关标准约束居住区中充电设施与配电室等市政设施、居民楼等建筑物须保持的间距要求。在《电动汽车分散充电设施工程技术标准》GB/T 51313—2018 和《电动汽车充换电设施系统设计标准》T/ASC 17—2021中，规定地下车库单个防火单元面积不大于1000m$^2$，而《汽车库、修车库、停车场设计防火规范》GB 50067—2014要求地下车库防火分区最大面积不超过4000m$^2$，实际中许多地下车库防火分区最大面积4000m$^2$，不具备充电桩安装条件，改造成1000m$^2$防火单元成本高，且改造成本无承担主体。亟需完善居住区消防设计相关标准体系，支撑居住区充电基础设施建设运营。

国内居住区充电设施的相关建设标准虽然明确了验收技术内容和要求，但并未明确验收环节的实施主体。在实际的“竣工验收”环节，各地有“自行存档备查”“报送主管部门”“联系主管部门验收”等不同做法。例如，深圳市在《新能源汽车充换电设施管理办法》中规定，建设单位应将竣工验收资料存档，以备行政主管部门后续审查监督，确保项目建设符合相关管理规范与标准要求。杭州市在《推进新能源电动汽车充电基础设施建设运营实施办法（修订）的通知》中规定“验收报告在5个工作日内报送属地城乡建设部门”。多数地区以自我验收为主，缺少引入第三方验收等有效手段，无法有效管控居住区充电设施的建设质量。

在后续运维环节，当前全国仅上海市、深圳市等有限地区出台面向充电设施运营管理与服务的标准规范，从人员、设备、安全、应急管理与服务等角度明确相关要求，但标准数量远少于建设工程标准，面向居住区场景的服务指引更加稀缺。

## 四、居住区制约因素多，建桩难度大



### 1. 居住区车位供给规模不足，无法平衡差异化需求

一是城市建筑物停车配建标准的制订和更新进度通常滞后于城市机动车的增长速度，导致多数城市的既有居住区配建停车位供给无法满足基本保有停放需求。以北京市为例，1994 年以前北京市未对居住类建筑停车设施配建提出具体要求，1994 年对居住项目提出了每户 0.1 个停车位的配建要求。2002 年，根据居住项目类型的不同和所处区位，提出二环至三环之间每户 0.3 个停车位、三环以外地区每户 0.5 个停车位、中高档商品住宅每户 1 个停车位、高档公寓和别墅每户 1.3 个车位的配建要求。2015 年印发的《北京市居住公共服务设施配置指标》将旧城地区商品房提升至 0.8～1.1 车位 / 户，其余地区调整为 1.1～1.3 车位 / 户。按照最新标准，既有居住区中车位配建不足现象相对普遍。

二是停车管理难度大。国内私家车保有量中新能源汽车的占比较低，居住区绝大多数车辆均为燃油车，其单一的停放需求与新能源汽车的停充一体化需求存在较大差异。

在车位紧缺的状态下，部分居住区采取先到先得、不分配车位的管理思路，为防止油车占位激发油电车间的矛盾，居住区物业管理者安装充电桩的意愿不高。

三是固定车位无产权。部分用户只具备固定车位使用权，不具备车位产权，如租赁车位、人防车位等，在充电桩报装时须征得产权方的同意或批准，产权方出于安全、隐私等考虑，不同意或不配合提供充电基础设施所需的申报材料，导致用户不能安装充电桩或被动提高安装成本。尤其像深圳的居住区停车位均为公用，在公用车位建设公共充电桩须经业主大会同意。目前居住区新能源车主仍为少数，大部分燃油车业主认为充电桩建设与自身无关，建设公共充电桩及配电工程建设涉及破路、占道、噪声等问题，导致多数小区业主不愿参与表决，协调难度大。

2. 人防安全制约

目前地下空间的 80%～90% 需用于停车，人防工程占地下空间开发比例约为 20%～30%，随着新能源汽车的快速增长，在人防车位安装充电桩不可避免。根据《人民防空工程维护管理办法》，人民防空工程进行改造时，不得降低防护能力和影响其防空效能，并按有关规定进行设计，经人民防空主管部门批准后实施。目前，仅北京、常州、宁波等少数城市出台了相关政策，明确了人防车位充电设施设置具体要求、审批流程及相关单位责任，但实施中发现还存在具体问题，如电源如何引接、工程内部管线如何敷设、涉及需要增加穿越人防围护结构预埋管时如何处理等，可操作性不强。

3. 供电设施容量不足，增配改造成本高

一是电力设施改造受限。国内多数既有居住区未考虑电动汽车及充电设施推广应用，在配置变压器及附属开关柜设施和低压电缆容量时未考虑充电桩的接入需求，导致配套变压器在面对规模化无序充电时存在可接容量不足、线路通道（桥架、通道）饱和、缺乏安装位置等问题。同时，既有居住区充电桩计量电表和低压电缆建设空间有限，电井中的电表表位和低压电缆通道大约只能满足 20% 住户安装充电桩的需要，先安装充电桩的住户优先占用电井空间，后续用户将没有空间位置安装电表和低压电缆。如果放任居住区充电桩随意报装建设、无序充电，导致稀缺的电网接入端口被占据、宝贵的供配电资源被占用，最终形成低压线缆错综复杂、密如蛛网建设的混乱局面，给居住区供配电系统带来极大安全和管理风险，甚至动摇能源互联网的建设基础。

二是改造资金压力大。按照早期建筑设计标准，考虑同时系数情况下，居住区每 $100m^2$ 配置电力容量约 3～4kVA（$30～40VA/m^2$），而家用充电桩单桩额定功率为 7kW。居住区充电高峰期通常为居民下班回家后 19：00～22：00 之间，与居民生活用电高峰期高度一致，极易出现大量电动汽车同时充电“峰上加峰”的情况，可能导致居住区配电系统重过载，难以满足充电桩大规模无序充电需求。供电设施改造需要大量资金，如没有城市更新方案或老旧小区改造计划，资金无法落实。

4. 各利益相关方协调难度大

一是居住区物业管理方因充电桩施工影响环境、易引发业主投诉、安全管理责任等问题存在顾虑，多以电力容量不足、不符合消防安全为由拒绝用户申请，用户通常无法查证。目前，山东、吉林已出台无需再向属地供电部门提供物业同意安装证明材料。

二是非电网直供居住区用户需向物业或居住区管理机构提出报装申请，在物业或居住区管理机构产权变压器下进行个人充电桩接入。产权方多以容量不足、增加安全隐患、管理难度大为由消极应对充电桩安装，部分业主有“转改直”意愿，但资金落实不到位，无出资渠道。

三是个别居住区存在物业要求电费加价现象，不利于居住区充电桩安装使用。

# 第3章

# 应对策略

## 一、完善社区充电相关管理体制

居住区充电作为新能源汽车补能的重要场景之一，涉及的面大量广，各种制约因素多元复杂，产品研发、工程设计、运维管理等环节均存在完善提升的空间，需要各级相关部门协同共治，指导和推进居住区充电设施健康有序发展。然而，与协同分工相比，现阶段的居住区充电站更需要加强垂直统管，由相对统一的部门牵头摸清全国层面居住区充电设施发展的家底，牵头制定该细分场景的相关政策，牵头出台定制化的考评体系，牵头完善相关标准规范，牵头开展居住区老旧桩改造、安全整治等专项行动，由此高效推进既有隐患的排查、服务模式的更新和支撑体系的建设。

同时，为提高社区的协同治理能力，促进多元利益相关主体合作参与，应强化街道办、社区居委会等基层组织在推动管辖范围内居住区充电设施建设的主体责任，建立社区充电服务部署的监督与问责机制。

居住区层面，应明确供电公司、物业管理单位、充电设施产权人、施工运维单位、第三方验收机构、政府监管平台的管理责任，构建分工协作的居住区充电设施建设运营管理体制。建议按照供电公司负责电、物业管理单位负责实施主体资质审核和建设规划、充电设施产权人负责产品合格、施工单位负责建设质量、第三方验收机构负责复核、专业单位负责后期运维、监管平台抓运行监管，形成各自负责并环环相扣的格局。

## 二、建立健全充电安全保障机制

以健全充电安全保障机制为核心，构建形成贯穿充电桩“投资建设—运行维护—应急管理与事故处理—安全监督管理”全生命周期的安全管理链条，切实降低居住区充电面临的安全隐患风险。

完善政府充电桩监管平台接入机制。目前多地的政府监管平台仅仅能够实现对享受补贴政策的公用桩进行监管，无法对居住区中私人充电桩的空间分布进行准确摸底。建议以居住区物业管理机构、居委会的充电桩报建备案管理为契机，以居住区为基本单元，实时汇总更新居住区内新增充电桩数据，结合安全检查整改专项行动补充既有充电桩数据，由此平台将更便捷地实现老旧桩更新淘汰的提醒、不同片区居住区充电桩供需空间匹配状态的评估、车网互动推动基础的研判等功能。

建立居住区充电设施常态化安全检查整改机制，由地方相关部门定期组织开展居住区充电设施安全检查，从设备合规、电气安全、消防安全等角度进行安全隐患排查，明确整改方案的组织实施主体和具体整改内容。

推动保险公司与居住区合作，出台居住区充电设施专项保险，鼓励充电设施权属方定期购买，分担权属方维护过程中可能面临的风险。

运营维护端应完善智能监测与应急响应机制，建立用户反馈机制，鼓励用户报告充电设施使用中的异常情况，收集数据用于不断优化系统设计和服务流程，形成安全改进的闭环。

加强安全培训和宣传教育。充电服务运营商应制定和实施加强工程设计和施工人员的培训计划，并实施严格的定期维护计划，确保有效排除潜在电气安全隐患。充电设施运营单位、物业公司等相关人员要加强充电安全培训，提高相关人员的安全意识和管理水平；通过社区宣传栏、微信公众号、社区广播等渠道，向居民宣传充电设施整治工作的重要性，提高居民的参与度和配合度，并通过向居民宣传充电设施安全知识，提高居民的安全意识和应急能力。

## 三、加强产品及关键环节的标准体系建设和指导

### 1. 指导适居产品的研发与应用

加强适居充电桩产品的研发和应用已经成为提升充电服务质量的重要环节，也是当前整个行业亟需解决的实际问题。适居充电桩产品应满足以下主要技术要求：

（1）保障充电安全

居住区内通常采用的交流桩或小功率直流桩，功率等级远低于公用充电基础设施，但充电过程中仍然可能存在触电、起火等安全风险。例如，部分充电桩有接地端子但在安装过程中接地端子并未与大地连接，部分充电桩因产品轻量化的需求本身没有剩余电流保护装置，但安装回路中没有接入剩余电流保护器，这些都埋下了非常严重的安全隐患，可能造成重大的人身伤亡和经济损失。因此适居产品的研发应优先兼顾充电设备本体安全和充电设备安装使用环节的安全防护。

（2）降低损耗

无论是私人充电桩还是公共充电桩，其节能性都是适居充电桩研发中应该考虑的重点指标。充电桩本身在待机和运行时都存在电能损耗，个别充电桩为了追求美观加入了灯光（如长明灯、呼吸灯、流动灯）效果，为了智能还加入了显示屏等耗能部件。相关研究数据表明，交流充电

桩中不同节能性能的产品间待机功耗差可达15W，运行功耗差更可超过80W。当全国范围内充电桩数量达到一定数量时，因充电桩自身电能损耗将使个人用户、供电公司、运营商额外支出高额的运营成本。

（3）提升智能化水平

随着越来越多的充电桩产品植入无线网络功能，充电产品智能化已成为整个行业的发展趋势。智能充电桩是实现有序充电、车网互动的关键设备，能够自动识别车辆类型、电池容量和剩余电量，并根据车辆的需要和充电桩的状态智能调整充电速度和时间，从而提高充电效率和安全性。如今，智能充电桩产品已经成为物联网中的一环，为居住区用户提供丰富多样的功能。例如，交流智能插座、交流一桩多枪产品等，不仅能够为电动汽车提供快速、稳定的充电服务，还能够与智能家居系统相结合，实现远程控制、智能调度等功能。

（4）实现V2G功能

2023年12月，《国家发展改革委等部门关于加强新能源汽车与电网融合互动的实施意见》（发改能源〔2023〕1721号）提出“鼓励电网企业联合充电企业、整车企业等共同开展居住社区双向充放电试点”。车网互动将成为居住区充电模式创新应用的主要方向。V2G是车网互动的第二阶段，电动汽车能够在停驶状态下响应电网的需求，为电网提供电力，以车网间的智能互动保障电网运行的稳定，实现能源的有效回馈和利用。当前动力电池的质保体系在放电环节尚不成熟，电动汽车与 V2G 充电桩间在交互接口、通信协议、功率调控等方面的标准建设还相对滞后。

为了有效指引适居充电产品的研发和应用，宜顺应充电桩高质量发展的要求，在国家标准、地方标准、团体标准体系中不断丰富和完善居住区充电设施技术标准，进一步明确保障安全的底线要求，明晰低能耗状态指示系统的应用要求，强化通信、故障反馈、对时精度、互动响应、数据交互等智能化功能的配置要求，从充电桩与电网协调适配等角度逐步完善 V2G 等功能配置要求，为居住区充电设施产品整体质量的提升提供保障。

2. 完善居住区充电桩施工安装、验收和运维管理标准

为有效提升居住区充电桩安装环节的施工质量，建议地方应逐步细化相关标准导则，结合居住区建筑布局、线路桥架布设、充电设备使用安全等要素，对充电及其附属设备的施工设计和施工安装行为进行规范，建立负面安装行为清单，明确底线要求。

验收环节的标准体系，宜兼顾充电桩本身和配套的消防安全设施，区分地面、立体车库、地下车库等不同场景，差异化明确充电桩及其附属线路设备的验收要求，以及消

防设施的配置规模和布局、监控设备的配置和安全警示标识的设置等验收要求。

同时，强化居住区充电设施运维管理标准建设，明确居住区不同类型充电设施、不同管理模式的日常巡检维护要求，强化充电桩运营商、物业管理者、供电公司、充电设施监管平台对居住区充电设施运维的巡检监管联动，提高居住区充电设施的安全管理水平。

3. 强化既有居住区的充电设施建设指引

与新建居住区相比，既有居住区的充电设施建设受到电力、车位、设施铺设安全等因素的制约，需要和其他完整社区建设要素在相对有限的容量空间中协调，改造提升难度大，须借助标准体系的指引更加精准地发力。当前亟需明确既有居住区在停车位配建滞后条件下宜采用的“停车位—充电设施”建设和管理模式，在标准中补充规定不同模式下须配置的充电设施比例下限、电力须增补预留的容量下限等指标，指导既有居住区尽快明确建设差距，制订分期目标。

同时，以安全保障为底线，以便民使用为原则，制订和完善既有居住区充电设备选址评估标准，细化既有居住区常见条件下可推广的技术规范和管理模式，增强新建充电设施的实施依据，提升基层部门协调沟通效率，加快相关规划选址方案的实施进度。

## 四、推动运营服务模式的更新与普及

全国多数居住区仍在实施的“随车配桩”模式不仅导致建桩质量方面参差不齐，还易激化车辆先后购置者间的配桩建设矛盾，安全监管缺位等问题也日益突出。随着新能源汽车销售渗透率的快速提升，前期私桩建设所导致的小区资源紧缺和安全隐患将越来越凸显。社区充电设施的“统建统服”模式以智能充电设备的规模化有序管控为基础，提高了充电设施的使用效率，提升了充电设施与居住区电网间的兼容性，保障了充电安全问题的实时响应和解决，是应对当前多数居住区充电设施分散、无序管理等问题的有效模式。另一种“私桩共享”模式通过共享私人充电桩，显著提升了私人充电设备的使用效率，有效缓解了附近无桩电动车主的充电焦虑，为居住区充电服务提供了创新的解决方案。

上述两种运营模式在推广应用的过程中，面临一些挑战和问题需要解决。例如，如何确保充电设施的公平分配和使用，避免出现充电设施被少数人占用或滥用的情况，尤其在老旧小区车位紧张的前提下如何协调解决。同时，两种模式的充电费用标准如何确定，既能够保障供给方的利益，又能够兼顾居住区居民的经济承受能力等。

为有效应对上述问题，建议探索建立居住区充电桩运营服务企业达标名单制度，从居住区智能充电设施规模、充电桩故障率、故障修复时效、维修保养频率、油车占位处置、应急响应处置、车主满意度等角度构建运营服务评分体系，甄选评比优质服务企业予以公示或奖补激励，对未达标服务企业引入退出机制，动态调整运营补贴对象和范围，引导“统建统服”运营企业提升产品质量和服务质量，提升居住区充电服务的专业化水平，保障安全运维的底线。

同时，各地须结合实际情况尽早明确居住区不同运营模式下的充电收费标准和电费价格机制，避免因居住区局部寡头运营而致使价格抬高，也保障居住区内的分时分价运营有据可依。例如，2021 年，四川省发展改革委发布《关于进一步完善我省峰谷分时电价机制的通知》，首次将“统建统服”模式下的居住区充电设施电价按照居民合表电价，与自建自管的个人充电桩统一电价政策，实现高峰时段电价上浮，低谷时段电价下浮，引导居民避开用电高峰，降低对电网的冲击。有必要对“统建统服”“私桩共享”等模式的利益分配机制进行指导，健全电网与负荷聚合商、充电运营商、电动汽车用户等之间的红利传导机制。

作为未来居住区“统建统服”、车网双向互动等模式推广应用的基础设备，当前智能充电桩、V2G 充电桩的设备成本、施工成本均高于普通充电桩的 2～3 倍，地方政府给予的补贴额度相对有限，一定程度上限制了上述产品在居住区场景的推广应用。建议优化智能充电桩、V2G 充电桩等产品的补贴机制，针对新产品和新功能加大补贴力度，提高居民、社区更新、采用高质量产品的意愿，为有序充电、车网有序互动、维系电网稳定安全奠定基础。

此外，应鼓励充电运营企业不断更新智能化运维服务体系，依托高度智能化的充电桩设备采集、存储海量运行数据，通过升级智能云端技术，改进大数据模式和算法，对居住区充电桩设备进行实时管控，应对紧急故障等情形可实现设备远程维保甚至是自愈自恢复，变被动响应为主动监测管理，为用户提供更加便捷、安全、高效的充电服务。同时，通过充电信息平台向用户发布充电站打扫、场站信息纠正、呼叫占位挪车等任务，运用奖金激励等方式调动用户参与运维的积极性。

鉴于城市管理者和电动汽车消费者对有序充电、车网互动等相关认知不充分，建议加强正面宣传，争取政府部门、物业单位、居住区业主、电动汽车车主等社会各界对有序充电和车网互动的理解与支持，为“统建统服”等运营服务模式的推广创造良好的社会舆论环境。

# 第4章

# 案 例 实 践

## 一、“统建统服”实践案例

1. 特来电成都市“统建统服”案例实践

成都市早在2019年开始探索居住区充电设施建设管理新模式，由供电公司与特来电新能源有限公司（简称特来电公司）在成华区华林南苑小区开展了“统建统服、两层调度”的建设及技术模式试点。

2020年7月，成都市经济和信息化局结合小范围探索经验，组织开展了国内首次居住区充电设施运营商遴选，通过运营商开展居住区统建统服模式的规模化探索。

2021年7月，成都市经济和信息化局等七部门印发《成都市居民小区电动汽车充电设施建设管理实施细则》，首次提出鼓励和支持居住区开展“统建统服”模式建设。

2022年4月，成都市经济和信息化局等部门发布《关于印发成都市电动汽车充电基础设施建设运营管理办法的通知》（成经信发〔2022〕4号），鼓励和支持充电运营企业在居住区内开展充电设施“统建统服”建设。

2022年9月，《成都市住房和城乡建设局 成都市经济和信息化局关于进一步明确物业服务企业职责加快推动既有居民小区电动汽车充电设施建设的通知》（成住建发〔2022〕132号），首次提出了既有居住区充电桩可用剩余负荷测算模型及物业服务负面清单，为居住区充电设施建设提供有力支撑。

2023年4月，四川省发展改革委印发《关于做好中央节能减排补助资金（充电基础设施建设奖励资金）管理工作的通知》（川发改能源〔2023〕197号），向全省各地市州下达“智慧小区”（“统建统服”模式）目标任务，并匹配相应补贴资金。

2024年1月，在前期规模化探索和市场化检验的基础上，成都市经济和信息化局等五部门发布了全国首个居住区充电设施技术规范《成都市居民小区电动汽车充电设施技术规定（试行）》（成经信能源〔2024〕3号），首次将有序充电、负荷调度要求予以量化，建立了“供电公司—市充电设施监管平台—运营商充电平台—充电设备”的四层负荷管理体系。

2024年7月，成都市经济和信息化局组织开展了面向全社会的首次小区有序充电运营商能力符合性评估，确定了首批具备有序充电管理能力的居住区充电运营商企业名单。

截至 2024 年 8 月，特来电公司在成都市累计推广居住区充电桩 1600 余台，建设智能有序充电桩 1 万余台，通过能力符合性评估企业 7 家。相关统计数据显示，在“统建统服、有序充电”服务模式下，居住区私家车充电设施的平均同时系数为 0.11，最高同时系数为 0.9，月平均功率需求仅 1.25kW，能够实现在不增容情况下满足居住区充电功率的需求。

成都市金房大榕湾小区是以“统建统服”模式实现私人充电桩和公共充电桩建设的典型小区。该小区住户数 840 户，车位数 760 台，自 2022 年 1 月启动“统建统服”模式以来，已建成满足业主公用的有序充电桩 10 台、个人有序充电桩 15 台，累计充电次数 3857 次，充电量 84397kWh，服务新能源车辆 214 辆。

成都市神仙树大院小区是以“统建统服”模式建设私人充电桩的典型小区。该小区自 2010 年交付后，以“自建自管”模式安装了 60 台私人充电桩，小区原有剩余电力负荷无法继续保障业主安装充电桩。2021 年初，小区引入特来电公司“统建统服、有序充电”模式，新建了有序充电干线设施，预留充电终端接口，根据客户需求逐一开通充电终端（已开通统建统服用户 120 余户），在不增加配电容量的情况下，依托智能调度系统，实现对小区充电负载资源的统一调度和优化配置，既能保障居住区的充电安全，还能满足业主安装充电桩的需求。

2. 工泰电器温州市“统建统服”案例实践

案例背景：温州市瑞安市云霞家园小区分为A、B、C三个区域，三个区域的大型车库停车位规划时按照燃油车停车位设计，共有714个停车位，其中A区设有229个车位，B区215个，C区270个，小区配备4台1000kVA变压器。一是充电桩安装数量少，因缺乏统一规划，建设安装的充电桩数量不足，无法满足小区内日益增长的新能源汽车充电需求。二是运维管理不到位，已建成的充电桩分布零散，充电设备的规格和类型多样，部分设备老化、损坏、维修不及时，缺乏有效管理和维护，影响正常使用。三是无序充电导致负荷过载，由于已建成的充电设备不具备有序功能，用户大多在晚上用电高峰时段同时充电，经常会出现电力供应紧张的情况，甚至对居住区整体电力系统的稳定性造成一定威胁。四是安全隐患高，部分充电桩存在常见的线路私拉乱接现象，存在一定的安全隐患风险，且缺乏有效的安全监控和保护措施。

案例解决方案：为解决居住区电动汽车充电难题、排除安全隐患，工泰电器有限公司经与居住区业委会、物业管理单位、市区供电公司等协调商议，决定采用“统建统服”智能有序充电方案。一是优化电力资源配置。从变压器专用配电柜出线柜 8 个 315A 供电表箱开始，配置了 8 台安全智能有序充电采集器。并且全力推进电缆的一次布网建设，所有电缆及交流桩电源进线均采用桥架封闭式布线，确保安全。714 个车位设计 250A 分电箱 14 个，每个智能分电箱管理 3×8 个车位有序充电桩；315A 分电箱 16 个，每个智能分电箱管理 3×10 个车位有序充电桩。同时，在交流桩电源进线端还配备了开关盒，增加了使用的维护便捷性，切实达成了车位的全方位覆盖。

二是安装智能充电设备。为有效解决居住区电力配电变压器容量有限、增容成本高昂、私桩安装无序等问题，在居住区每个车位上建设 7kW 的安全智能有序充电桩，总规模达到 714 台。充电桩不仅支持远程控制和智能计费，还采用了先进的算法和动态分配智能调度技术。当居民预约充电时，系统会综合考虑车辆的剩余电量、充电需求以及电网负荷等因素，智能地分配充电时间，从而避免高峰时段的拥堵和过载现象，同时引导用户在电价较低的时段充电，降低用电成本。

三是提升安全防护能力，充电管理系统还具备主动安全防护功能，能够实时监测变压器的用电负荷。一旦负荷超出设计安全容限，系统会立即启动优化调度算法，对充电桩进行充电顺序或充电功率的调配，甚至切断充电功率，确保配电网络的安全。

案例成效：一是在不进行居住区电力增容的情况下实现了停车位充电桩建设全覆盖；二是通过“统建统服”模式，对供电线路、充电设备进行统一规划、建设施工、运营管理，减少了安全隐患；三是改善用户充电体验，用户能够通过手机 APP 等平台，实时获悉充电桩的使用状态、预约充电时间，减少等待时长，便于用户灵活规划充电计划。

适用于以下类型的居住区：其一，新能源车主拥有固定产权车位或者长租车位；其二，居住区为自管配电室，并且增容条件不被允许或者增容成本极高；其三，居住区电容无法支撑新能源车主全部私自报装（图 4-1）。

图 4-1 瑞安云霞家园“统建统服”充电系统安装示意图

3. 世纪云安北京市“统建统服”案例实践

远大园一、二、三期项目建成于 2000 年，位于北京市海淀区曙光街道，总建筑面积 300 多万 $m^2$，居住区内共有住户 10000 余户，停车位 8000 多个。该片区为自管配电室，国网无法实施改造，新能源汽车私桩比不足 40%，大量新能源车主有充电需求，且部分小区呈现电力紧张状态，新增新能源汽车车主无法报装私桩。

北京世纪云安新能源有限公司（简称世纪云安）作为第三方运营商，与物业方开展合作，按照“统一规划建设”“统一维护管理”的原则，通过充电配电设施改造，运用有序充电技术，解决更多车主充电难题。一是通过统建统服模式，进行社区充电的统一规划、建设、运维服务，前期合理布局规划，将停车场合理划分成若干区域进行建设，最大限度降低了前期的改造和施工成本。通过统一建设施工、专人运维管理，定期巡检、系统检测、购买保险等措施，降低了安全风险。二是通过有序充电技术的运用，在不增容的前提下，解决了更多有充电需求业主的充电难题。业主能享受更便捷的报装服务流程，更安全省心的充电服务，更放心的设备维护保障。

社区内建成集中社区公共站 1 个，含 5 台充电桩，其中 30kW 直流桩 1 台，14kW 交流桩 2 台，7kW 交流桩 2 台；分布式充电桩 96 台，为 7kW 交流桩。该项目模式主要适用于新能源车主拥有固定产权车位或长租车位的居住区，且该居住区具有自管配电室或增容条件不允许、增容成本高昂等情况。采用“统建统服”模式，将剩余电容统管起来，进行充电基础配电设施合理规划改造，在居住区停车场建设专属配电柜，搭建区域配电箱、桥架。业主有需求时向世纪云安报装电表后，由世纪云安提供充电桩终端设备及安装、运维等服务。以项目所在远大园五区为例，该区域共有653个车位，车位为产权车位，公司将配电室改造新增专用配电柜，进行电缆一次布网建设，将停车场分成13个区域，每个区域新安装1个18路电源开关的配电箱，实现车位全覆盖。报装后的业主，在自家车位即可享受公司提供的充电服务。公司将充电桩接入运营监管平台，系统实时监控，提供了充电安全性和稳定性的保障；安排专人定期巡检，排除故障隐患；统一为充电桩购买保险，进行安全兜底等。系统上，采用独有的智能柔性充电技术，通过自建智能微电网管理系统进行数据规划、数据采集、数据分析等，通过配电网检测管理平台和充电运营管理平台，动态调整楼宇侧与充电侧电力负荷，柔性匹配微网内能源供需关系，在不增容的前提下解决社区充电难题。

## 二、“小功率直流”实践案例

随着电动汽车的发展，电动汽车的电池容量也越来越大，社区内常规的交流充电速度难以满足，因此小功率直流充电技术成为居住区充电的选择之一。与传统的交流充电桩相比，小功率直流充电桩具有更高的充电效率，能在较短的时间内为电动汽车补充电量。同时，由于功率相对较小，其成本和维护费用也相对较低，更适合在居住区以及社区附近公共停车场等场所灵活部署。

1. 20kW 小功率直流充电桩

蔚来厦门泊寓院儿海湾社区以青年租户为主，新能源车保有量较高。社区充电站配置了 3 台 20kW 和 3 台 7kW 小功率直流充电桩，兼顾充电速度和充电车位数量的需求，实现布置成本和充电体验的最优化。该站 20kW 充电桩的月均充电订单 397.8 单，月均充电量 9546.86kWh，时间利用率 24.26%，功率利用率 21.73%；7kW 充电桩月均充电量 5328kWh，月均充电订单 291.6 单，时间利用率 46.95%，功率利用率 34.65%。

2. 7kW 小功率直流公共充电桩

蔚来汽车在上海市青浦区徐泾北城欣沁苑东区的公共桩项目共配置 9 台 7kW 直流充电桩，覆盖 18 个充电车位，于 2023 年 3 月 4 日正式上线运营。该项目区域为动迁安置房，共有地上地下车位 450 个，无法安装个人充电设施，建设过程中面临物业管理困难。蔚来汽车单独寻找成片区规划的停车区域，充分利用充电桩枪线长度优势，在两个车位中间安装 1 台充电桩，尽可能减少油车占位影响，提升电动汽车可充电效率。自运营以来，该站月均充电量 12463kWh，月均充电订单 613 单，时间利用率 33.26%，功率利用率 28.8%。

3. 小功率直流充电系统体检

以特来电公司在成都居住区开展的小功率直流充电系统应用为例，在充电过程中，车辆向直流充电桩实时发送的电池电流、电压、温度等数据，通过与区域内同类车型充电数据及本车历史充电数据对比的大数据分析系统，对车辆的动力电池安全性进行常态化“体检”，在 2023 年，该系统就成功阻断了 13 次小区地下室充电过程中发生的车辆电池温升异常等充电风险。

## 三、私人充电桩“智能化发展”引导案例

1. 上海市案例

上海市发展改革委、交通委、经济和信息化委等五部门于 2020 年 3 月发布《上海市促进电动汽车充（换）电设施互联互通有序发展暂行办法》（沪发改规范〔2020〕4 号）（以下简称《暂行办法》)，提出建立以充电运营平台企业、电网企业为主体的居住区两级智能有序充电管理体系，开展居住区智能充电管理工作。平台企业通过向“上海充电设施公共数据采集与监测市级平台”提出申请，经发展改革委、交通委、经济和信息化委等审核后纳入政府目录，负责对其管理的居民区充电设施进行智能化改造、智能化管理和智能化调度，负责建设和管理“充电示范小区”。政

府基于智能充电桩改造规模、对外共享电量、示范小区建成情况等给予财政补贴。截至 2023 年年底，上海市共成立充电平台企业 17 家，建成“共享充电桩示范小区”136 个，完成 28.08 万台智能化社区充电桩建设。

同时，为贯彻落实《暂行办法》提出的“新增自用充电设施，汽车销售厂商提供的充电桩应具备智能充电功能”的要求，上海市发展改革委和经济和信息化委发布《关于进一步落实本市新增充电设施智能化技术要求的通知》（沪发改能源〔2021〕138 号），建立智能充电桩产品达标名单制度，明确要求自 2021 年 8 月 1 日起各汽车厂商随新售车辆向消费者提供的充电桩必须是列入名单、符合技术要求的智能化产品。市发展改革委和经济和信息化委组织第三方机构定期对随车配送的充电桩展开抽查，对不符合要求的相关汽车厂商，暂停其享受相关支持政策。针对新增智能化个人充电桩的申办流程，要求国网上海市电力公司开辟“绿色通道”，简化审核手续。通过以上措施，从源头上确保上海市居住区新增的 26 万台个人充电桩均为智能桩，为有序充电、车网互动等高质量发展奠定了良好基础。

2. 成都市案例

成都市 2020 年开展居住区充电设施“统建统服”模式探索初期，明确了“统建统服”充电设施“必须采用有序充电设备、必须与上端变压器负载进行云边计算实现两层调度、必须接入城市充电设施监管平台”的“三必须”原则。2024 年 1 月，成都市经济和信息化局等五部门印发《成都市居民小区电动汽车充电设施技术规定（试行）》（成经信能源〔2024〕3 号），明确居住区充电设施应采用有序充电技术，并接入城市监管平台，有序充电运营平台须在收到上端负荷调控指令 10min 内，完成对居住区充电设施负荷调度，并将调度情况上传至城市充电设施监管平台，从技术上确定了充电设施的有序充电体系。目前，成都市充电基础设施监管平台已经完成对成都“统建统服”充电桩的接入，累计建成居住区充电桩 1 万余台，显著提升了政府对居住区充电设施及充电订单的监管。

# 第5章

# 政策建议

## 一、加强组织领导，压实主体责任

一是建议明确居住区电动汽车充电设施的牵头主管部门，统筹相关部门协同推进基数统计、政策制订、行动督查、标准更新等工作，出台综合性指导意见，将居住区电动汽车充电设施的建设管理作为保障民生基本需求、完善基础设施和公共服务的重要着力点，加快推动居住区场景的充电设施发展，实现“高质量设备、高水平运营、高品质服务”。

二是建议各地方政府压实乡镇街道、居（村）委会等基层组织的主体责任，以辖区范围内的居住区为基本单元，科学制订和上报年度建设计划，统筹做好与市级监管平台信息系统的衔接融合，落实老旧桩改造、充电安全整治等专项行动，整合推进停车、充电、电网改造等各项建设，开展典型示范小区评比等工作，实现“一站式”协调推动和投诉处理。

## 二、完善监管机制，引导设施更新与服务规范

一是建议明确长期失效充电桩的认定标准和管理办法，进一步优化税费补贴机制，引导居住区迭代更新充电设备。智能充电桩作为居住区实现有序充电和安全管控的重要设备，应结合老旧小区更新等行动提高存量充电桩智能化改造升级的补贴力度，在车企随车配桩等环节明确新增充电桩产品的智能化要求和补贴优惠政策，引导居民自愿更新和使用智能充电桩，促进居住区智能充电桩的推广和普及。

二是建议明确居住区充电服务企业的条件和责任，完善居住区充电服务企业的奖惩激励机制，通过奖补政策等形式支持和引入经验丰富、技术先进、抗风险能力强的充电运营企业管理充电设施，建立与服务质量挂钩的准入、退出、业绩审核和淘汰机制，促进运营商有序竞争和规范发展，实现居住区充电设施统一运营、统一服务、统一管维，确保小区充电设施“有人建，有人管，能持续”。

三是建议细化居住区充电服务模式的差异化指引，根据居住区不同情况分别推行“统建统服”和“散建统管”。对不具备个人产权车位的老旧小区、动迁小区，建议全部实施“统建统服”；对于同时具备私人产权车位和公共车位的居住区，可优先在公共车位推进“统建统服”；对于个人产权车位配比超过 1：1 的居住区，鼓励实行“散建统管”，

由市电力公司或地方政府平台统一监测并纳入负荷管理。

四是建议加快完善充电桩监管平台接入机制，实现居住区场景全覆盖。国家、省、市和区县等各级监管平台须重视居住区充电基础设施的信息管理，结合电网负荷管理及城市虚拟电厂建设，明确要求将居住区企业统管的充电桩优先接入充电设施监管服务平台，尚未纳入统管的私人充电桩宜结合智能充电桩的更新逐步有序接入。

五是建立充电设施常态化安全检查整改机制，重点对居住区充电桩的产品质量、施工验收、运维保障措施等进行检查，明确整改责任主体、整改内容和整改期限，将极易发生安全隐患的居住区充电场景由“事后整改”向“事前整改”转变。

六是完善居住区电动汽车充电相关的价格机制，适应“统建统服”“充电车位分时共享”等运营服务模式的发展需要，优化居民区电动汽车充电分时电价的峰谷时段和价格标准，引导用户广泛参与智能有序充电和车网互动。

## 三、加快标准体系建设，支撑充电设施提质升级



一是建议结合电动汽车智能化和网联化发展趋势，持续完善居住区充电设施产品相关的标准体系建设，加快产品性能、互联互通等标准迭代更新，全面支撑居住区充电设施产品质量的提升。

二是建议明确车辆二次唤醒、车桩网通信协议及互操作性等功能要求，尽快形成有序充电标准体系，推动有序充电向更灵活精准调控、更高级别车—桩—网互动方向发展。

三是建议加强设计、施工、验收、运维服务等关键环节的标准制订和修订，重点针对既有居住区、老旧小区等存量紧约束空间细化相关设计和施工要求，出台符合居住区充电设施建设实际的消防验收标准规范，补齐居住区充电服务企业运维服务标准规范的短板，实现居住区充电建管全过程的标准化。

# 参 考 文 献

[1] 北京亿维新能源汽车大数据应用技术研究中心. 中国新能源汽车大数据研究报告(2024)[M]. 北京：机械工业出版社，2024.

[2] 中国城市规划设计研究院. 2024年中国主要城市充电基础设施监测报告[R]. 2024.

[3] 中华人民共和国住房和城乡建设部. 城市居住区规划设计标准：GB 50180—2018[S]. 北京：中国建筑工业出版社，2018.

[4] 中华人民共和国住房和城乡建设部，国家市场监督管理总局. 电动汽车分散充电设施工程技术标准：GB/T 51313—2018[S]. 北京：中国计划出版社，2018.

[5] 中华人民共和国建设部. 城镇燃气设计规范(2020版)：GB 50028—2006[S]. 北京：中国建筑工业出版社，2020.

[6] 国家市场监督管理总局，国家标准化管理委员会. 电动汽车供电设备安全要求：GB 39752—2024[S]. 北京：中国标准出版社，2024.

[7] 国家市场监督管理总局，国家标准化管理委员会. 电

动汽车传导充电系统安全要求：GB 44263—2024［S］. 北京：中国标准出版社，2024.
［8］ 中华人民共和国住房和城乡建设部. 汽车库、修车库、停车场设计防火规范：GB 50067—2014［S］. 北京：中国计划出版社，2014.
［9］ 中华人民共和国住房和城乡建设部. 电动汽车充电站设计规范：GB 50966—2014［S］. 北京：中国计划出版社，2014.
［10］ 国家标准化协会. 居住社区电动汽车智能充电设施设计规范：T/CAS 727—2023［S］. 北京：中国建筑工业出版社，2023.
［11］ 上海市市场监督管理局. 电动汽车智能充电桩及互动响应技术要求：DB31/T 1296—2021［S］. 北京：中国标准出版社，2021.
［12］ 中国建筑学会. 电动汽车充换电设施系统设计标准：T/ASC 17—2021［S］. 北京：中国建筑工业出版社，2021.